Bibliografische Information der Deutschen Nationalbibliothek:

Die Deutsche Bibliothek verzeichnet diese Publikation in der Deutschen Nationalbibliografie; detaillierte bibliografische Daten sind im Internet über http://dnb.d-nb.de/ abrufbar.

Impressum:

Druck und Bindung: Books on Demand GmbH, Norderstedt Germany
ISBN: 9783346053435

Dieses Buch bei GRIN:

https://www.grin.com/document/506334

Ralf Napierski

Der Anteil der Windkraft am Insektensterben. Eine quantitative Bestimmung

GRIN Verlag

Insektensterben und Windkraft

Ein Versuch, den relativen Anteil der Windkraft am Insektensterben quantitativ zu bestimmen und weitere Ursachen für das Insektensterben der letzten 30 Jahre zu finden

Napierski, Ralf
Frankfurt am Main, 2019

Zusammenfassung

Auf den folgenden Seiten werde ich darlegen, dass für die in der DLR-Studie ermittelten 1.200 t Verlustmasse (Trieb, 2018) ein relativer Wert und somit eine Maß für den tatsächlichen Einfluss der Windkraft auf das Insektensterben ermittelt werden kann. Dieser Verlustanteil beträgt (in den letzten Jahren) jährlich ca. 0,85% der Gesamtpopulation. Dieser Verlust hat aber sehr wahrscheinlich keinerlei Einfluss auf die Stabilität der Insektenpopulation und somit auch keinen nennenswerten Anteil am Insektensterben der letzten 30 Jahre.

Wäre dem doch so, dann hätte die Windkraft Im Zeitraum von 1991 bis 2016 einen Anteil am Gesamtverlust der Biomasse von ca. **2%,** der Anteil des Straßenverkehrs würde jedoch im selben Zeitraum ca. **59%** betragen.

Inhalt

Modellrechnung der DLR-Studie

Die Modellrechnung der DLR-Studie (Trieb, 2018) beruht auf der Annahme einer mittleren Insektendichte von 3 kg/km^3 in Höhe der Windrotoren (20 bis 220 m) und dem Volumenstrom an Luft, der innerhalb der Saison (April bis Oktober) durch alle deutschen Windkraftanlagen mit insgesamt 160 km^2 Rotorfläche bei mittleren 50 km/h Windgeschwindigkeit geblasen wird. 5% der Tiere sterben schließlich beim Durchfliegen der gesamten Rotorfläche (Verlustrate). Das ergibt bei einer mittleren Betriebsdauer der Windanlagen von ca. 1.000 Volllaststunden innerhalb der Insektenperiode ca. 1.200 Tonnen Verlust-Biomasse pro Jahr.

***Berechnung**: (mit M_{Insekt} = Insektenmasse pro Zeitraum)*

*M_{Insekt} = Windgeschwindigkeit in m/s * Rotorfläche in m^2 * Betriebsdauer in s * Insektendichte in kg/m^3 * Verlustrate in %* (Trieb, 2018)

*M_{Insekt} = 14 m/s * 160.000.000 m^2 * 3.600.000 s * 0,000000003 kg/m^3 * 5% = 1.210 t*

Im Fazit der DLR-Studie wird gesagt, dass diese keine Aussage über die Relevanz machen könne, da die Gesamtmasse, bzw. der Anteil der durch Windkraftanlagen getöteten Insekten an der Gesamtbiomasse unbekannt sei.

Genau an diesem Punkt setzen meine Überlegungen an. Es ist – im Kontext des Modells – nämlich sehr wohl möglich, diesen Anteil für bestimmte Szenarien quantitativ zu bestimmen.

Bestimmung des quantitativen Verlustanteils

Im Modell wird von 30.000 Windrädern mit einer gesamten Rotorfläche von 160 km² ausgegangen.

Wenn die Windräder nun gleichmäßig über Deutschland (360.000 km²) verteilt wären, würde je ein Windrad mit einer mittleren Rotorfläche von ca. 5.333 m² auf einer Fläche von ca. 12 km² stehen. An der obigen Berechnung der getöteten Insektenmasse würde diese Modellvereinfachung zunächst nichts ändern!

***Berechnung**: Segmentfläche in km² = Landesfläche in km² / Anzahl Windräder = 360.000 km² / 30.000 = 12 km²*

und

mittlere Rotorfläche pro Segment in m² = gesamte Rotorfläche in m² / Anzahl Windräder = 160.000.000 m² / 30.000 = 5.333 m²

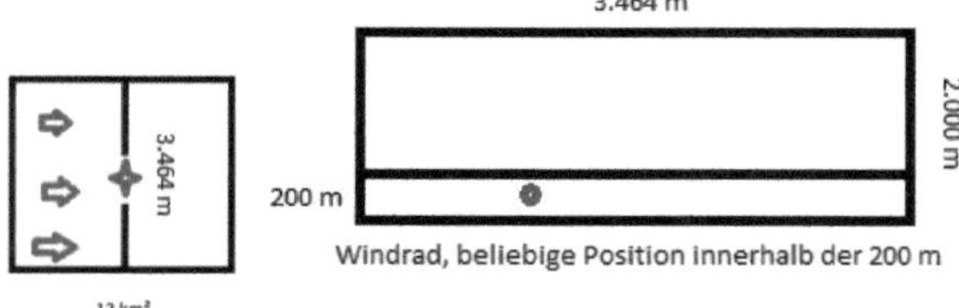

Die Kantenlänge dieser Segmentfläche beträgt ca. 3.464 m (√ 12 km²). In der DLR-Studie wird mit einer konstanten, mittleren Insektendichte von 3 kg/km³ im Rotorbereich gerechnet. Dieser Wert wird aber auch für den Bereich bis 2.000 m Höhe angenommen. (Weidel, 2008) Daher ist es zulässig, diese Dichte auch über den gesamten Höhenbereich im Modell anzuwenden. In der Höhe der Rotoren kann dann aber der ebenfalls in der DLR-Studie erwähnte Wert von 9 kg/km³ verwendet werden.

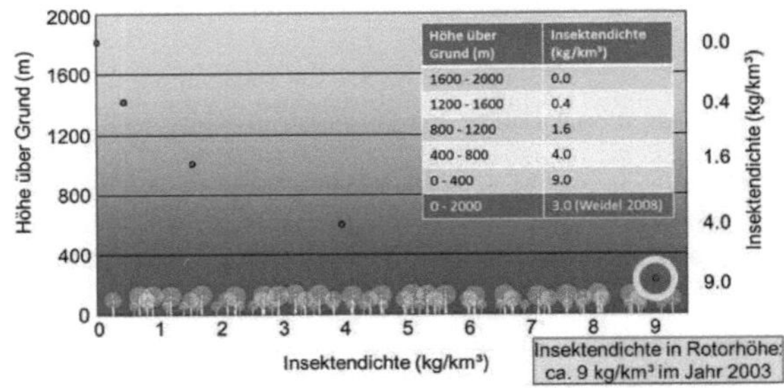

Abbildung 1 - Modell einer annähernd logarithmischen vertikalen Verteilung der Fluginsekten nach Johnson (1957) und Dr. Franz Trieb, Interferenceof Flying Insects and Wind Parks, 2018

Die Daten stammen zwar aus unterschiedlichen Jahren, bei heute sicher geringeren Werten kann aber von einer ähnlichen, annähernd logarithmischen Verteilung ausgegangen werden.

Aus dem relevanten Höhenbereich von 2.000 Metern folgt eine Gesamtfläche in der Ebene der Rotorfläche (Segmentebene) von 3.464 m * 2.000 m = 6.928.203 m²

Gemäß Modell sind die Bedingungen an jeder Stelle dieser Ebene quasi gleich. Das mittlere Windrad könnte an einer beliebigen Stelle dieser Ebene – aber nur bis in eine Höhe von ca. 220 m - stehen. Durch jede Flächeneinheit dieser Ebene strömt daher der gleiche Wind[i] [1]und daher auch die gleiche Masse an (v * t * 3 kg/km³) Insekten.

Innerhalb der Rotorfläche wird jedoch mit einer Insektendichte von 9 kg/km³[2] gerechnet. Der Gewichtungsfaktor (Dichteverhältnis) zwischen der Rotorfläche und der gesamten Ebene bis 2.000 m Höhe beträgt somit 9/3 = 3.[3]

Entscheidend ist letztendlich nur der Anteil der gewichteten mittleren Rotorfläche an der gewichteten Gesamtfläche der aufgespannten Segmentebene. Dieser beträgt ca. 0,23%

***Berechnung**: 3 * 5.333 / 6.928.203 = 0,23%*

Gemäß DLR-Studie kommen ca. 5% der Insekten beim Durchfliegen der Rotorfläche zu Tode. Daraus folgt schließlich ein Anteil der durch Windanlagen getöteten Tiere von ca. **0,012%** pro <u>Ereignis</u>!

Daher gilt der so ermittelte Verlustanteil nur dann, wenn die einzelnen Individuen im Mittel nur einmal (ein Ereignis) durch eine Segmentebene fliegen. Für überwiegend stationäre Arten kann aber durchaus davon ausgegangen werden.

---

[1] Tatsächlich nimmt die mittlere Windgeschwindigkeit mit der Höhe zu. Diesen Faktor zu vernachlässigen ist allerding konservativ im Sinne meiner Argumentation.

[2] Es wird angenommen, dass die Insektendichte im Rotorbereich – unabhängig von den tatsächlichen Werten und wegen der logarithmischen Verteilung - um den Faktor 3 größer ist als im Mittel der gesamten Segmentebene (bis 2.000 m Höhe).

[3] Unter Berücksichtigung der höheren Windgeschwindigkeiten oberhalb der Rotoren – und dem somit relativ größeren Massendurchsatz - würde sich der Faktor auf ca. 2,2 reduzieren!

Die Verlustwahrscheinlichkeit der durch Windkraftanlagen – pro Ereignis - getöteten Tiere an der Gesamtpopulation innerhalb der Modellgrenzen (P_E) berechnet sich daher nach Umformung und Vereinfachung auch wie folgt: [ii]

$$P_E = \frac{\textbf{Dichteverhältnis} * \textbf{gesamte Rotorfläche} * \textbf{Verlustrate}}{\sqrt{\textbf{Anzahl Windräder} * \textbf{Gesamtfläche}} * \textbf{Höhenbereich}} \%$$

und

$$P_E = \frac{\mathbf{3 * 160.000.000\ m^2 * 5}}{\sqrt{\mathbf{30.000 * 360.000.000.000\ m^2}} * \mathbf{2.000\ m}} = \mathbf{0,012\%}$$

Die tatsächliche Insektendichte ist übrigens für die Ermittlung der Verlustwahrscheinlichkeit nicht relevant.

P_E ist somit die Wahrscheinlichkeit für jeweils ein Insekt, beim Durchflug durch ein Segment (= ein Ereignis) getötet zu werden.

Realistische Verteilung der Windräder und Gruppierung in Windparks

Interessant ist auch die Betrachtung, die Windräder nicht auf der gesamten Grundfläche zu verteilen, sondern in Windparks zu gruppieren. Die oben ermittelten 12 km² bei 30.000 Segmenten scheint eine geeignete Fläche für ca. 10 Windräder zu sein. Diese Anzahl ist auch ein plausibler Wert für realistische Windparks.

Es könnten daher jeweils 10 Windräder pro Segment gruppiert werden. Diese Anordnung erfolgt in der Praxis jedoch so, dass sich die Nachläufe der Windräder in der Hauptwindrichtung nicht gegenseitig stören. Durch intelligente Steuerung (Studie der TU München) (Schomäcker, 2017) kann erreicht werden, dass es unabhängig von der Windrichtung, zu möglichst keinen Überlappungen der Nachläufe mit anderen Windrädern kommt.

Daher ist es zulässig, die 10 Windräder jeweils zu einem virtuellen Windrad mit zehnfacher Rotorfläche zusammenzufassen.

Daraus folgt dann:

$$\boldsymbol{P_E} = \frac{\mathbf{10 * Dichteverhältnis \;\; * gesamte\ Rotorfläche * Verlustrate}}{\mathbf{\sqrt{Anzahl\ Windräder * Gesamtfläche} * Höhenbereich}} \%$$

Da jetzt aber 90% der bisherigen Windradsegmente kein Windrad mehr enthalten, reduziert sich für jeweils ein Insekt die Wahrscheinlichkeit - während des Flugs durch ein beliebiges Segment - auf einen Windpark zu treffen auf 10%.

Daraus folgt:

$$\boldsymbol{P_E} = \frac{\mathbf{10 * Dichteverhältnis \;\; * gesamte\ Rotorfläche * Verlustrate}}{\mathbf{10 * \sqrt{Anzahl\ Windräder * Gesamtfläche} * Höhenbereich}} \%$$

Und schließlich wieder:

$$\boldsymbol{P_E} = \frac{\mathbf{Dichteverhältnis \;\; * gesamte\ Rotorfläche * Verlustrate}}{\mathbf{\sqrt{Anzahl\ Windräder * Gesamtfläche} * Höhenbereich}} \%$$

Auf die Verlustwahrscheinlichkeit pro Durchflug eines beliebigen Segmentes hat die Gruppierung der Windräder in Windparks praktisch keinen Einfluss und kann daher vernachlässigt werden.

Diese Annahme gilt aber übrigens näherungsweise **auch** dann, wenn die gleich hohen Windräder eines Windparks - bei ungünstigen Windrichtungen - direkt in einer Reihe stehen würden. (Maximale Abschattung)

Bei 10 Windrädern in einer Reihe wäre die Verlustwahrscheinlichkeit pro Durchflug eines beliebigen Segmentes sogar noch geringer als beim Aufsummieren der einzelnen Windradflächen.[iii]

Windparks sind keine einsamen Hotspots der Windqualität

Die ermittelte Verlustwahrscheinlichkeit ist eigentlich nur dann valide, wenn in Segmenten außerhalb der Windparks von ähnlichen Windverhältnissen ausgegangen werden kann. Mit dem Wind migrierende Arten könnten ansonsten bevorzugt durch Windparks fliegen, weil dort die höchsten mittleren Windgeschwindigkeiten vorherrschen würden.

Studie des Bundesumweltamtes

Aus der Studie des Bundesumweltamtes über das *Potenzial der Windenergie an Land* (Bundesumweltamt, 2013), kann aber diese Annahme weitgehend ausgeschlossen werden.

Dort wird ein Potenzial von ca. 50.000 km² ermittelt, welches bereits um diverse Ausschlusswirkungen bereinigt ist. Hauptausschlusswirkung ist mit ca. **253.000 km²** der **Siedlungsbereich**. Hinzu kommen Schutzgebiete, Infrastrukturanlagen (Autobahnen) und Gewässer.

Statistische Auswertung der Windparameter des DWD

Eine **statistische Untersuchung** der Daten des **DWD** (Windatlas) mit dem Ziel, die Umgebung von Windparks auf Unterschiede der Windqualitäten zu überprüfen. Für die Untersuchung wurden folgende Daten verwendet:

1. Windparameter in 100 m Höhe, Gitterweite 200 m Raster (CDC (Climate Data Center))
2. Weibull-Parameter (k- und C-Werte) in 80 m Höhe, Gitterweite 200 m Raster (CDC (Climate Data Center))
3. Digitales Geländemodell Gitterweite 200 m (http://www.govdata.de/dl-de/by-2-0, 2019)
4. Liste von ca. 2.600 Windparks (Liste von Windkraftanlagen in Deutschland, 2019)

Aufbereitung der Daten

Zunächst wurden die Geodaten der Windparks in eine Datenbank importiert und in das Gauß-Krüger Koordinatensystem (Gauß-Krüger-System) der entsprechenden Windparameter konvertiert. Anschließend wurden die Windparameter und das Geländemodell in entsprechende Datenbanken importiert. Unterschiede in den Koordinatensystemen wurden ausgeglichen.

Auswertung der Daten

Für jeden Windpark werden die Windgeschwindigkeit, die Geländehöhe, der K- und der C-Wert ermittelt. Entsprechende Werte werden dann für alle (3.250*4.400) Segmente erhoben.

Zusätzlich werden die Parameter auch für die jeweilige Umgebungsfläche von ca. 100km² der Windparks ermittelt.

Die Windgeschwindigkeiten innerhalb der Windparks (ca. 7 m/s) unterscheiden sich nur um ca. 2,5% von den Werten der jeweiligen 100 km²-Umgebung. Werden nur Windparks berücksichtigt, deren Höhendifferenz zu ihrer jeweiligen 100 km²-Umgebung maximal 30 Meter beträgt, reduziert sich die Differenz der Windgeschwindigkeiten auf ca. 1,5%

Begrenzt man das Gebiet auf das norddeutsche Flachland mit der höchsten Windraddichte, dann reduziert sich diese Differenz auf nur noch ca. 1%

Das sogenannte „Windparkhopping" findet daher in der Realität nicht statt! Viele migrierende Arten – vor allem zielgerichtet migrierende - sind außerdem sehr gute aktive Flieger und gleichen ungewolltes Driften mit Leichtigkeit aus.

Es gibt keine durch Windparks führende, bevorzugte Flugroute von migrierenden Insekten!

Betrachtung diverser Szenarien

Der Durchflug eines beliebigen Segmentes ist ein Ereignis mit der Verlustwahrscheinlichkeit P.

Aus $P_E = 0{,}00012$ kann daher für bestimmte Arten eine gesamte Verlustwahrscheinlichkeit P_V berechnet werden. Dafür ist jeweils die Anzahl der Ereignisse[4] zu schätzen und die Frage zu klären, ob eine bestimmte Art auch oder bevorzugt bei Windstille migriert.

Grundsätzlich kann die Gesamtverlustwahrscheinlichkeit P_V aus der Einzelwahrscheinlichkeit P_E und der Anzahl der Ereignisse n wie folgt berechnet werden:

$$P_V = 1 - (1 - P_E)^n$$

Für die Migration kann aber nicht immer mit der hohen Windgeschwindigkeit der DLR-Studie von 14 m/s gerechnet werden. Dieser Wind weht gemäß Studie auch nur während ca. 21% des betrachteten Zeitraums. Es ist daher sinnvoll und auch zulässig, mit einem mittleren Wind von 7 m/s im gesamten Zeitraum zu rechen. [5]

Für Arten, die über weite Strecken migrieren, kann bei der Ermittlung der Einzelwahrscheinlichkeit nicht von einer Johnson-Verteilung (Johnson, 1957) ausgegangen werden. Für Schwärme migrierender Insekten könnte vermutet werden, dass sich diese bevorzugt weit oberhalb der Windräder in relativ stabilen Schwärmen bewegen (Becker, 2002) (Gatter, 1981). Daher kann für diese Tiere nicht unbedingt eine höhere Dichte im unteren Höhenbereich bis 200 m angenommen werden. Wird mit einer statistischen Gleichverteilung bis 2.000 m Höhe gerechnet, so ergibt sich eine entsprechend geringere Einzelverlustwahrscheinlichkeit von ca. 0,004%

[4] Für migrierende Arten kann die Anzahl der Ereignisse aus der im Mittel geflogenen Strecke, dividiert durch die Segmentkantenlänge, ermittelt werden.
[5] Diese Annahme folgt aus der Auswertung der digitalen Winddaten

Szenario 1 - kurze Migrationsstrecken

Die Tiere vieler Arten migrieren während ihrer Lebensspanne nur über eine kurze Strecke. Hier werden 10 km angenommen.

Ereignisse = 10 / 3,5[6] = 2,9

P = 0,00012

***P**$_V$* **= 0,02%**

Szenario 2 - weite Migrationsstrecken und Johnson-Verteilung

Hier wird eine Migrationsstrecke von 300[7] km angenommen.

Ereignisse = 300 / 3,5 = 86

P = 0,00012

***P**$_V$* **= 1%**

Szenario 3 - weite Migrationsstrecken und Gleich-Verteilung

Auch hier wird eine Migrationsstrecke von 300 km angenommen.

Ereignisse = 300 / 3,5 = 86

P = 0,00004

***P**$_V$* **= 0,33%**

Neben der Ermittlung der Gesamtverluste durch die jeweilige Schätzung der Ereignisse, gibt es aber eine noch viel elegantere Methode.

---

[6] √(12 km²) = Kantenlänge eines Segmentes

[7] Aus 12 Stunden Migration bei 7 m/s Windgeschwindigkeit

Allgemeine Formel zur Berechnung der relativen Verluste

Die Insektenmasse berechnet sich aus dem Massenstrom durch alle Windparks für einen bestimmten Zeitraum wie bereits bekannt (D_{RN}=Insekten-Dichte in Nabenhöhe der Rotoren, A_{RG} = gesamte Rotorfläche, v_{wp} = mittlere Windgeschwindigkeit in Windparks):

$$t * v_{wp} * D_{RN} * A_{RG}$$

In allen Segmenten (auch solchen ohne Windpark) gilt aber auch (H_B = Höhenbereich, L_S = Kantenlänge eines Segmentes, D_H = mittlere Insekten-Dichte im Höhenbereich, v_s = mittlere Windgeschwindigkeit in den Segmenten):

$$t * v_S * H_B * L_S * D_H$$

Allerdings werden die Insekten des Massenstroms wegen der Migrationsdauer (t_M) in Abhängigkeit von der Windgeschwindigkeit über viele Segmente bewegt und würden somit mehrfach „gezählt" werden. Die jeweils transportierte Masse muss daher noch durch die Anzahl der durchströmten Segmente dividiert werden. Diese Anzahl berechnet sich mit der Kantenlänge L_S aus:

$$\frac{t_M * v_S}{L_S}$$

Für alle Segmente kann durchaus mit der gleichen mittleren Windgeschwindigkeit gerechnet werden. Aus dem digitalen Windatlas folgt für 200 m Höhe übrigens eine mittlere Windgeschwindigkeit von ca. 6.5 m/s in allen Segmenten außerhalb der Windparks.

Die Berechnung der pro Segment transportierten Masse ergibt sich daher wie folgt:

$$\frac{t * H_B * D_H * A_S}{tM}$$

Und für alle Segmente (mit A_G = gesamte Grundfläche):

$$\frac{t * H_B * D_H * A_G}{t_M}$$

Der Anteil der durch die Windparks transportieren Masse an der gesamten Segment-Masse beträgt dann:

$$\frac{t_M * v_{wp} * D_{RN} * A_{RG}}{D_H * A_G * H_B}$$

Für den Gesamt-Verlustanteil folgt schließlich[8]:

$$\frac{V_R * t_M * v_{wp} * D_{RN} * A_R}{D_H * A_G * H_B} \%$$

Die Migrationszeit kann in dieser Formel aber nicht beliebig ansteigen. Für Insekten, die z.B. 4800 Stunden (200 Tage) migrieren, würden die Verlustrate mehr als 370% ergeben.

Es ist daher besser, die Verlustwahrscheinlichkeit zunächst pro Migrationssekunde zu berechnen.

Aus dem Volumenstrom

$$Q = A_R * v_{wp}$$

und der zu jedem Zeitpunkt vorhandenen gesamten Biomasse im Untersuchungsgebiet[9]

$$M_g = D_H * A_G * H_B$$

folgt dann die Verlustwahrscheinlichkeit pro Sekunde mit

$$P_E = \frac{V_R * Q * D_{RN}}{M_g} \%/s$$

Mit (R_H = Höhe des Rotorbereiches[10]) gilt einschränkend:

$$D_{RN} \leq \frac{D_H * H_B}{R_H}$$

Das Dichteverhältnis D_{RN} zu D_H kann dann bei einem Höhenbereich von 2.000 m und einem Rotorhöhenbereich von 200 m maximal 10 betragen.

Die Migrationszeit entspricht der Anzahl der Ereignisse:

$E = t_M$

Die Gesamtverlustrate beträgt dann:

$$P_v = 1 - (1 - P_E)^E \%$$

Mit dieser Formel können erstmals die relativen Verluste migrierender Insekten durch Windkraftanlagen für beliebige Gebiete und Migrationszeiten unterschiedlicher Arten transparent und einfach berechnet werden.

---

[8] Eigentlich nur der Verlustanteil der gerade während des Migrationszeitraums migrierenden Tiere

[9] Das ist nicht die gesamte jährlich produzierte Biomasse

[10] Dem 200 m Höhenbereich der Rotoren aus der DLR-Studie

Beispielrechnung

Die mittlere Windgeschwindigkeit innerhalb der Windparks und oberhalb einer minimalen Schadensgeschwindigkeit von 3 m/s[11] kann aus den digitalen Winddaten und der Dichtefunktion der Weibullverteilung berechnet werden. Diese wirksame mittlere Windgeschwindigkeit beträgt ca. 6,5 m/s. (Die mittlere Windgeschwindigkeit ohne diese Einschränkung beträgt übrigens ca. 7 m/s)

Wenn für die mittlere Migrationszeit ein Wert von 12[12] Stunden und für die mittlere Insektendichte im Jahr 2016 1,5[13] kg/km³ angenommen werden, dann folgt aus den bekannten Parametern und angenommener Johnson-Verteilung zunächst für eine Sekunde Migrationsdauer

$$\boldsymbol{P_E = \frac{5\% * 6{,}5\,\frac{m}{s} * 4{,}5\,\frac{kg}{km^3} * 160.000.000\ m^2}{1{,}5\,\frac{kg}{km^3} * 360.000.000.000\ m^2 * 2.000\ m} = 0{,}0000217\%}$$

mit

$$\boldsymbol{P_v = 1 - (1 - P_E)^{12*3.600}}\ \%$$

folgt schließlich der Gesamtverlust an der migrierenden Insektenmasse von ca. **0,93%**

Die tägliche Verlustmasse kann dann mit

$$\boldsymbol{M_d = \frac{P_V * M_g * t_M}{24\ h}}$$

berechnet werden. Die jährliche entsprechend mit

$$\boldsymbol{M_j = \frac{P_V * M_g * t_M * 200\ d}{24\ h}}$$

Aus den Beispieldaten folgt schließlich:

$$\boldsymbol{M_j = \frac{0{,}93\% * 1{,}5\ \frac{kg}{km^3} * 360.000000000\ m^2 * 2.000\ m * 12 * 3.600 * 200}{24 * 3.600}}$$

= 1.**006 t**

An dieser Stelle kann nun über die Wahl der Parameter diskutiert werden. Die mittlere Windgeschwindigkeit gilt z.B. für das gesamte Jahr. In den Sommermonaten sollte diese um mindestens 10% geringer ausfallen.

Der Gesamtverlust würde sich dann auf ca. **0,85%** verringern.

[11] Windräder setzen sich erst oberhalb von ca. 3 m/s in Bewegung
[12] Manche Arten migrieren tagsüber, andere nur nachts.
[13] Gemäß dem Gradienten der Krefelder Studie und der Insektendichte gemäß Weidel, 2008

Da sicher nicht alle Tiere migrieren, sondern ca. 50% der Insekten überwiegend stationär leben, verringert sich der relative Verlust an der gesamten Fluginsektenmasse auf ca. **0,42%**

Welche Relevanz haben diese Daten letztendlich für den Insektenbestand, bzw. für den Rückgang der Insektenbiomasse in den letzten 30 Jahren?

Anteil der Windkraft am Insektensterben im Zeitraum 1991 bis 2016

Die Studie „More than 75 percent decline over 27 years in total flying insect biomass in protected areas“ (Hallmann & Sorg, 2017) kommt jedenfalls zu einem linearen Rückgang der Insektenbiomasse im Zeitraum 1990 bis 2017. Der Ausbau der Windenergie in Deutschland kam erst ab 2000 richtig in Schwung. Woher kommt dann der Rückgang bis 2000, der sich anschließend auch noch wunderbar linear fortsetzt, so als hätten die Insekten die Windräder (fast) gar nicht bemerkt?

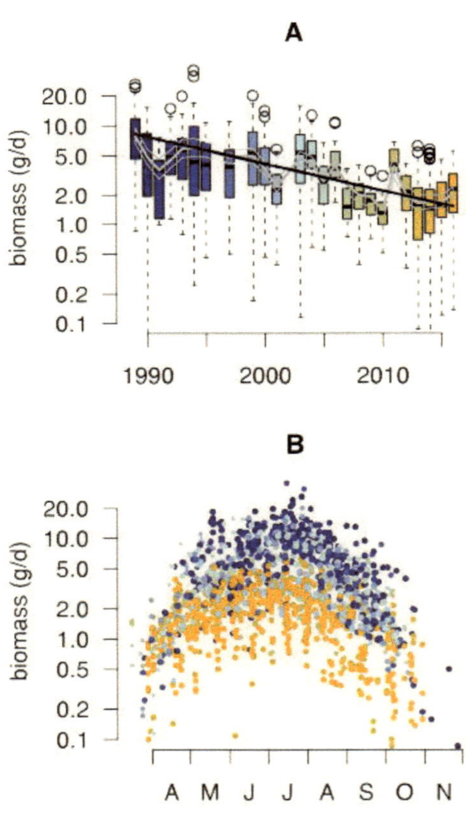

Abbildung 2 Grafik: Hallmann, C.A., Sorg, M., Jongejans, E. et al. 2017

Die „Krefelder“ Studie wurde zwar nur innerhalb von Naturschutzgebieten durchgeführt, allerdings ist aus einigen Studien (Pennisi, 2016) bekannt, dass viele Insektenarten - vor allem unter den Fluginsekten – migrieren. Somit findet ein ständiger Austausch auch zwischen weit auseinanderliegenden Arealen statt. Störungen, wie die Windkraft, Einsatz von Pflanzenschutzmitteln oder der zunehmende Verkehr wirken sich daher indirekt auch auf Naturschutzgebiete aus. Es ist daher zulässig, die Ergebnisse der Studie als repräsentativ für den gesamten Rückgang der Insektenbiomasse in Deutschland zu betrachten.

Der relative Rückgang der (beobachteten) Biomasse ist übrigens eine sehr schöne Exponentialfunktion:

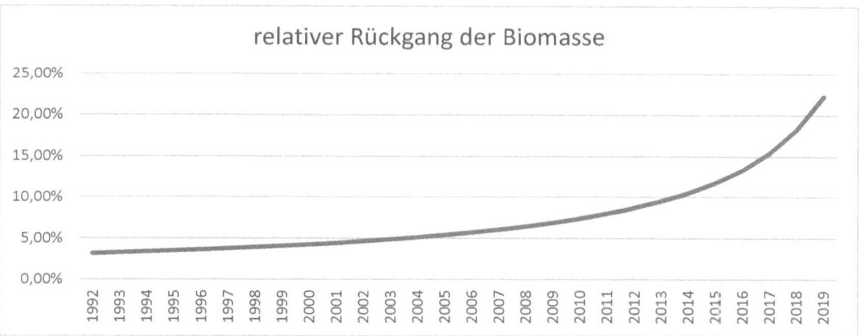

Der relative Verlust hat in den letzten Jahren extrem zugenommen. Der Ausbau der Windkraft hingegen stagnierte nahezu.

Betrachtet man den Zusammenhang zwischen dem jährlichen relativen Verlust an Biomasse[14] und dem Ausbaugrad der Windkraft, so kann durchaus eine sehr hohe Korrelation von ca. 0,97 beobachtet werden. Das ist aber ein ganz wunderbares Beispiel für den Unterschied zwischen Korrelation und Kausalität!

[14] Bereinigt um den ersten Rückgang von 1991 bis 92

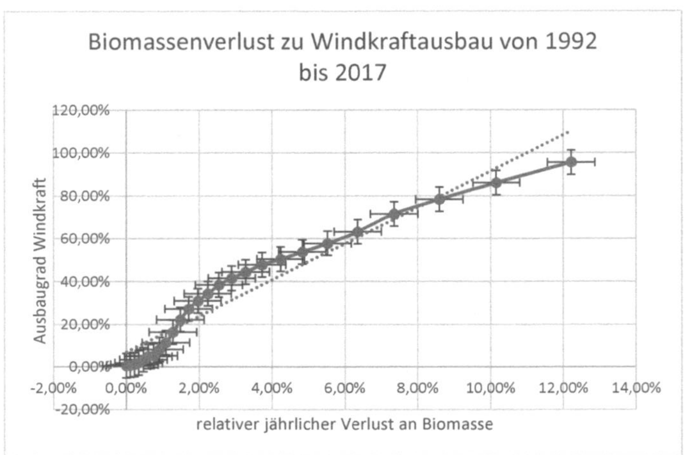

Die gleiche hohe Korrelation mit dem Ausbaugrad der Windkraft von 0,97 erhält man aber auch, wenn aus einer Gruppe von anfangs 350 Wildtieren (Hirschen), jährlich jeweils 11 entnommen werden:

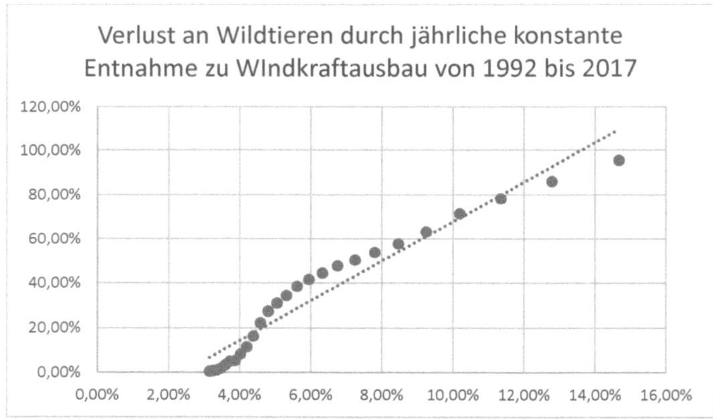

Für eine genauere Analyse müssen die Daten der Krefelder Studie neu aufbereitet werden. Ausgangspunkt der Überlegung ist, dass es außer der Windkraft, dem Straßenverkehr, bzw. irgendwelchen unbekannten Ursachen, keine Zunahme der bekannten Störungen ab 1990 gegeben hat.

Zunächst muss aber untersucht werden, welchen Anteil der Straßenverkehr am Insektensterben haben könnte.

Straßenverkehr und Insektensterben

Der Anteil des Verkehrs am Insektensterben ist erheblich und wurde bisher wohl unterschätzt.

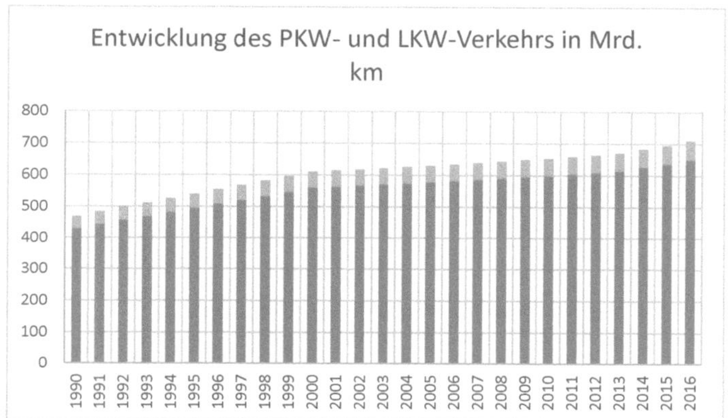

(Kraftfahrt-Bundesamt, 2017)

Die hier verwendeten gefahrenen Strecken beziehen sich auf alle Straßen. Mittlere Geschwindigkeiten (ab 70 km/h), die ausreichen um Insekten zu schädigen, können auf Autobahnen Land- und Bundesstraßen angenommen werden. Der Anteil der auf diesen Straßen zurückgelegten Strecken wird mit 70% angenommen.

Die Gesamtstrecke aller Fahrzeuge auf Autobahnen und Bundesstraßen kann auch über die Auswertung der Zählstellen des BAST (Bundesamt für Straßenwesen, 2019) ermittelt werden.

2017 wurden an 22.000 Zählstellen im Mittel 33.700 Fahrzeuge pro Tag gezählt. Alle 2,56 Sekunden wird daher jede Zählstelle von einem Fahrzeug passiert. Bei einer mittleren Geschwindigkeit der Fahrzeuge von ca. 25 m/s beträgt der Abstand zwischen den Fahrzeugen ca. 64 Meter. Dieser Abstand kann im Mittel auch für die Streckenabschnitte zwischen den Zählstellen angenommen werden.

Da das gesamte Streckennetz (Autobahnen und Bundesstraßen) ca. 53.000 km beträgt, folgt ein mittlerer Abstand zwischen den Zählstellen von ca. 2.400 m. Jeder Streckenabschnitt wird dann von ca. 38 Fahrzeugen befahren.

Bei 22.000 Zählstellen befinden sich dann zu jedem Zeitpunkt im Mittel ca. 828.000 Fahrzeuge auf Autobahnen und Bundesstraßen. Aus der mittleren Geschwindigkeit kann pro Jahr schließlich eine Gesamtstrecke von 828.000 * 25 * 24 * 60 * 60 *365 = 653 Mrd. Kilometern berechnet werden.

Aus den 711 Mrd. km für PKW und LKW auf allen Straßen im Jahr 2016 folgt daraus ein Anteil der auf Autobahnen und Bundesstraßen - im Vergleich zu allen anderen Straßen - gefahrenen Kilometer von ca. 90%. Die oben angenommen 70% sind daher eher konservativ geschätzt.

Bei mittleren 80 km/h kommen beim Zusammenprall eines Insekts mit der wirksamen Fahrzeugfläche mindestens 90% der Tiere um. Die wirksame Fläche bei PKW beträgt ca. 2,6 m², bei LKW ca. 7 m²

Der Jahreszeitfaktor (200 Tage von 365) beträgt ca. 0,55

Gemäß Johnson-Verteilung ist die Insektendichte in Bodennähe maximal. Für 2016 kann hier eine Dichte von 6 kg/km³ angenommen werden.

Der jährliche Verlust wird damit wie folgt berechnet:

Verlustmasse = Straßenfaktor * Jahreszeitfaktor * Verlustrate * wirksame Fläche * Strecke * Insektendichte

Für 2016 und nur für PKW folgt dann:

Verlustmasse = 0,9 * 0,7 * 0,55 * 2,6 m² * 650.000.000.000 km * 6 kg/km³ = 3**.500 t**

Bestimmung des relativen Anteils des Verkehrs am Insektensterben

Aus[15]

$$P_E = \frac{V_R * Q * D_{RN}}{M_g} \%/s$$

folgt mit dem Volumenstrom aus der insgesamt gefahrenen Strecke pro Zeiteinheit und der gesamten Wirkfläche der Fahrzeuge:

$$Q = \frac{A_{Wg} * s}{t}$$

Mit 431 * 0,7[16] Mrd. von PKW im Jahre 1990 gefahrener Kilometer und 2,6 m² Wirkfläche pro Fahrzeug ergibt sich für Q = 24,9 Millionen m³/s

Mit dem Verlustfaktor pro Fahrzeug V_F und der Insektendichte am Boden D_B schließlich

$$P_E = \frac{V_F * Q * D_B}{M_g} \%/s$$

Für das Basisjahr 1990 wird eine Insektendichte in Bodenhöhe von ca. 30 kg/km³ und eine mittlere Insektendichte bis 2.000 m Höhe von ca. 7,5 kg/km³ angenommen.

Mit dem Verlustfaktor 90% folgt aus der 1990 zu jedem Zeitpunkt im Mittel vorhandenen gesamten Fluginsektenbiomasse M_g von ca. 5.400 t für PE ein Wert von ca. **0,0000124%**

---

[15] Die allgemeine Formel für den relativen Verlust durch Windkraft scheint wirklich allgemein anwendbar zu sein

[16] 70% der gefahrenen Strecke wurde auf Autobahnen, Bundes- und Landstraßen zurückgelegt.

Für LKW beträgt der Wert 1990 dann **0,0000013%** und schließlich zusammen **0,0000137%**[17]

Die Anzahl der Ereignisse wird hier nicht über die Migrationszeit, sondern über die mittlere Lebenserwartung definiert. Diese wird auf ca. 2 Tage geschätzt[18]. Letztendlich definiert die Lebenserwartung immer den Zeitpunkt mit einer Überlebensrate von 50% der Tiere.

Mit E = 2 d * 24 * 3.600 s folgt dann mit

$$\boldsymbol{P_v = 1 - (1 - P_E)^E}\ \%$$

schließlich für den Verkehr im Jahre 1990 ein Anteil von **2,34%**

Von 9 g/d Insektenmasse gemäß Krefelder Studie sind das dann ca. 0,214 g/d Verlustanteil durch den Verkehr. Der Anteil der Windkraft betrug 1990 lediglich 0,0018%

Der unbekannte Anteil an den jährlichen Verlusten von 0,26 g/d beträgt dann 1990 folglich 0,27 - 0,214 = 0,056 g/d

---

[17] Eigentlich Pa+Pb-(Pa*Pb).

[18] Das ist der geschätzte Mittelwert über alle Arten. Für den migrierenden Anteil (50%) beträgt die Lebenserwartung nur 0,5 Tage, für den nicht migrierenden Teil ca. 3 Tage.

Bestimmung der Gesamtverluste im Zeitraum 1991 bis 2016

Der Windkraftanteil wird aus der entsprechenden Verlustrate in Abhängigkeit vom Ausbaugrad und der entsprechenden noch vorhandenen Biomasse berechnet. Der Anteil des Verkehrs wird aus den entsprechenden statistischen Daten ermittelt. Die Summe der so berechneten jährlichen Verluste beträgt dann eben – zuzüglich der unbekannten Anteile - genau 0,27 g/d aus dem Gradienten der Krefelder Studie. Die unbekannten Anteile wurden in solche, die bis 1990 gewirkt haben und neue, unbekannte Ursachen ab 1990 unterteilt. Der relative Verlust aus 1990 wurde einfach in die Folgejahre übernommen.

Der Verlauf der Insektendichte wird aus dem Gradienten der Biomassenabnahme berechnet:

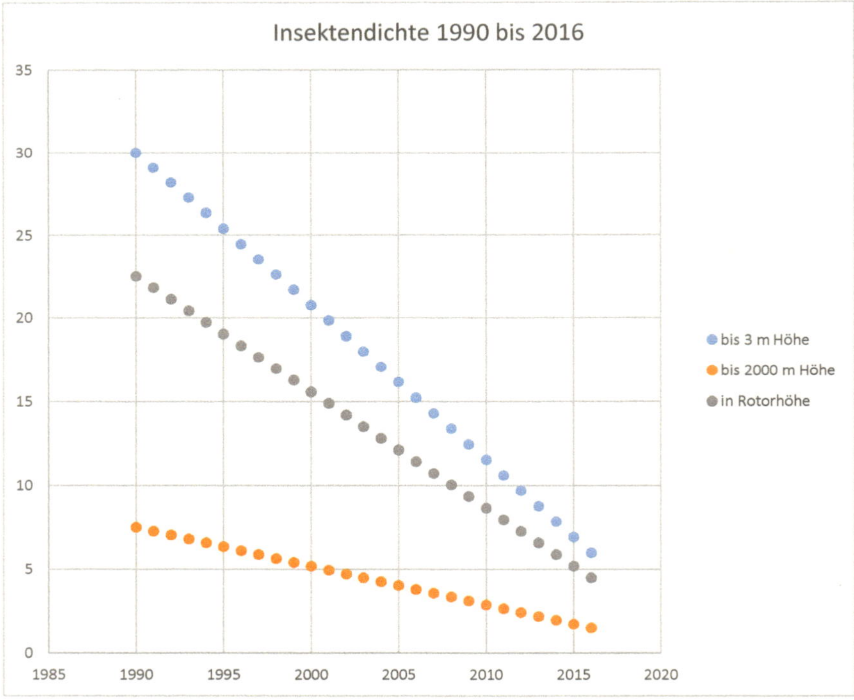

Die Insektendichte in Rotorhöhe ist dabei jeweils um den Faktor 3, die Dichte in Bodennähe lediglich um den konservativen Faktor 4 größer als die mittlere Dichte über den gesamten Bereich.[19]

[19] Hier könnte durchaus auch ein Faktor deutlich größer als 4 angenommen werden.

Mit Johnson-Verteilung über **2.000 m** Höhe, **12 Stunden** Migrationszeit und **5,9 m/s** effektive Windgeschwindigkeit im Sommerhalbjahr kann – bei einer Verlustrate von 5% und einem Anteil der Migrationsmasse an der Gesamtmasse von 50% - ein Anteil der Windkraft am Insektensterben im Zeitraum 1991 bis 2016 von ca. **2%** berechnet werden.

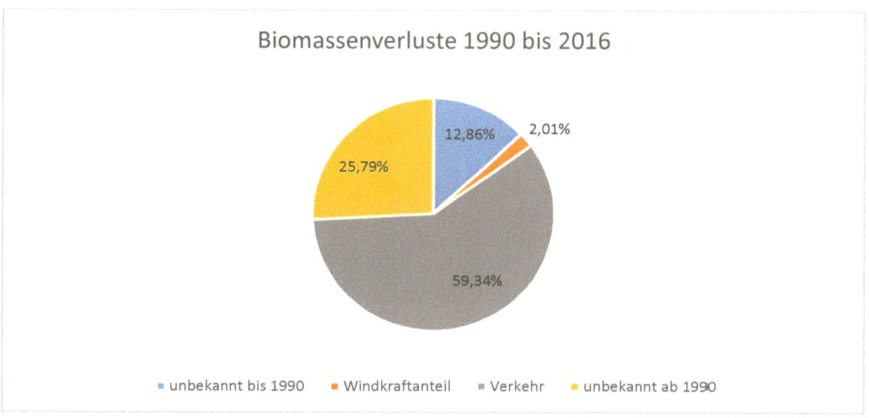

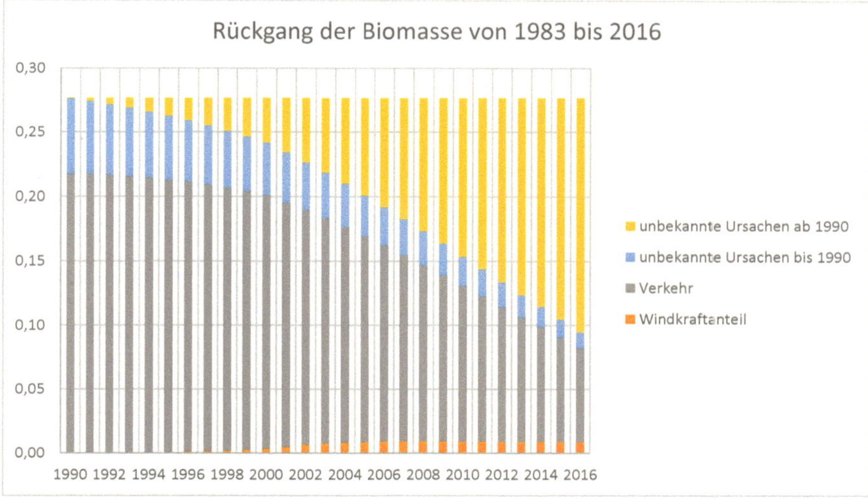

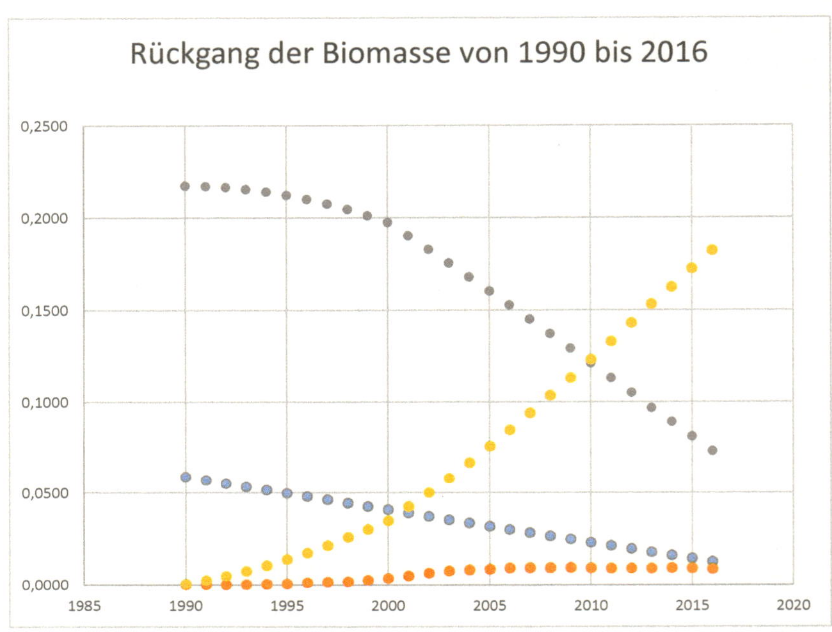
Rückgang der Biomasse von 1990 bis 2016
0,2500
0,2000
0,1500
0,1000
0,0500
0,0000
1985
1990
1995
2000
2005
2010
2015
2020

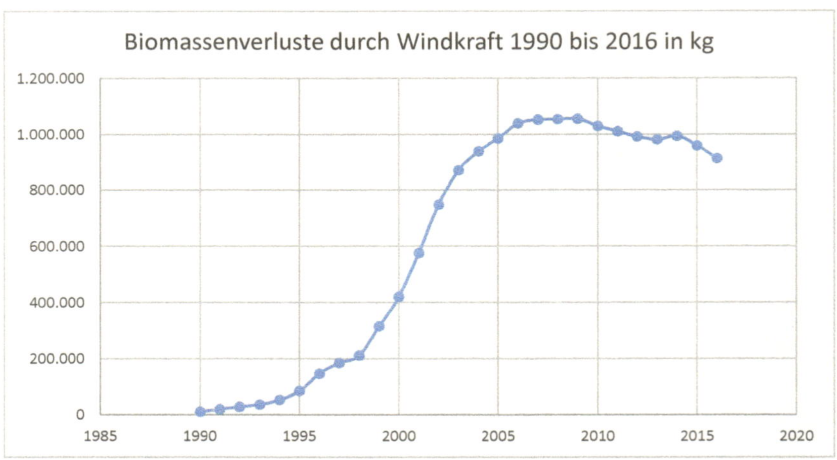
Biomassenverluste durch Windkraft 1990 bis 2016 in kg
1.200.000
1.000.000
800.000
600.000
400.000
200.000
0
1985
1990
1995
2000
2005
2010
2015
2020

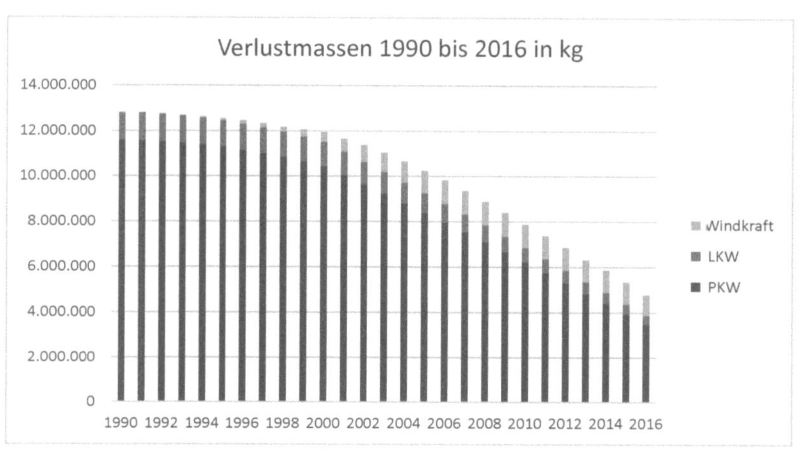
Verlustmassen 1990 bis 2016 in kg
14.000.000
12.000.000
10.000.000
8.000.000
6.000.000
4.000.000
2.000.000
0
1990 1992 1994 1996 1998 2000 2002 2004 2006 2008 2010 2012 2014 2016
Windkraft
LKW
PKW

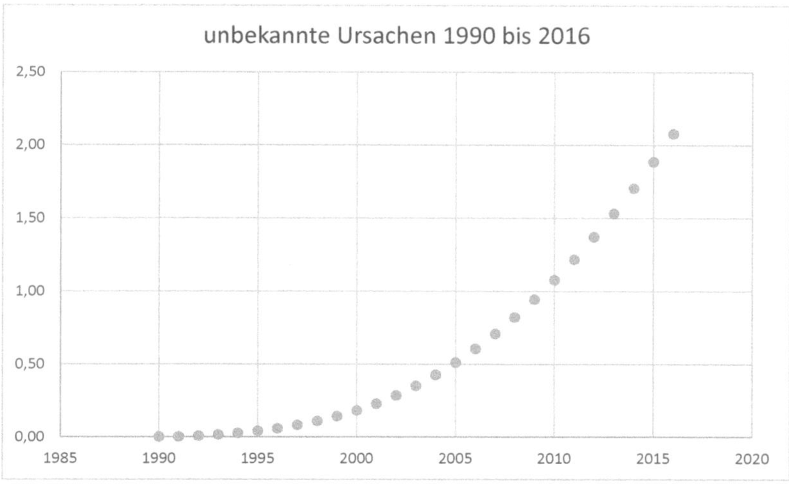
unbekannte Ursachen 1990 bis 2016
2,50
2,00
1,50
1,00
0,50
0,00
1985 1990 1995 2000 2005 2010 2015 2020

Der hier angenommene Einfluss durch Windkraft, bzw. Verkehr auf die Mortalität der Fluginsekten hat aber keinesfalls automatisch Auswirkungen auf die Stabilität der Insektenpopulation. Insektenpopulationen sind durch Fluktuation und Migration erstaunlich stabil.

Eine Simulation solcher sogenannter Metapopulationen wurde in einer Dissertation (Heidenreich, 2000) beschrieben. Ich habe versucht, die möglichen Störungen durch Verkehr und Windkraft in der Simulation abzubilden. Dabei habe ich bemerkt, dass diese Störungen praktisch keinerlei Auswirkungen auf die Stabilität der Gesamtpopulation haben.

Selbst extrem große Störparameter von 20% jährlichen Verlusten bewirken praktisch nichts!

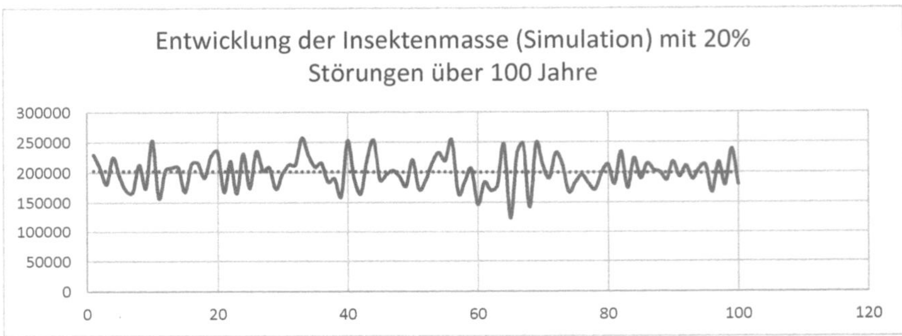

Bei ca. 85% jährlichen Störungen ergibt sich folgender Verlauf mit erstmals sichtbaren Wirkungen:

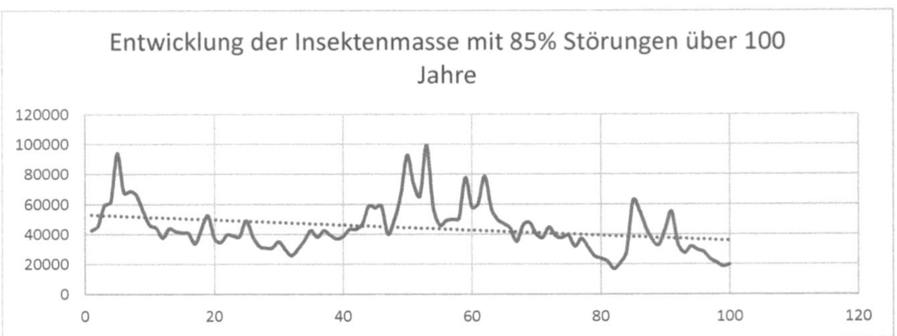

Bei 80% Störungen ohne Migration dann folgender Verlauf:

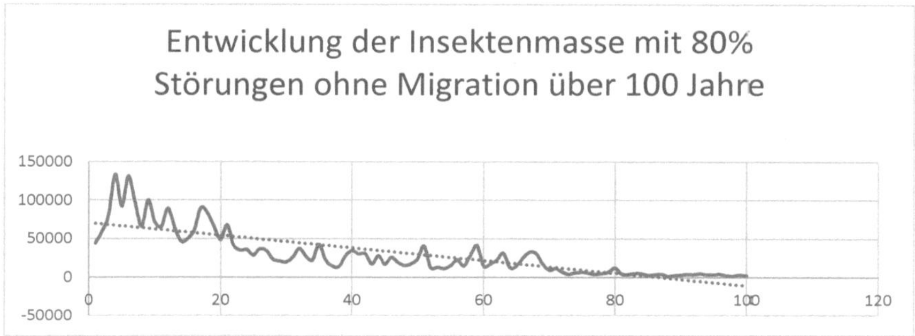

Und schließlich ohne Störungen aber mit einer jährlich konstanten Abnahme der Habitats-Kapazitäten:

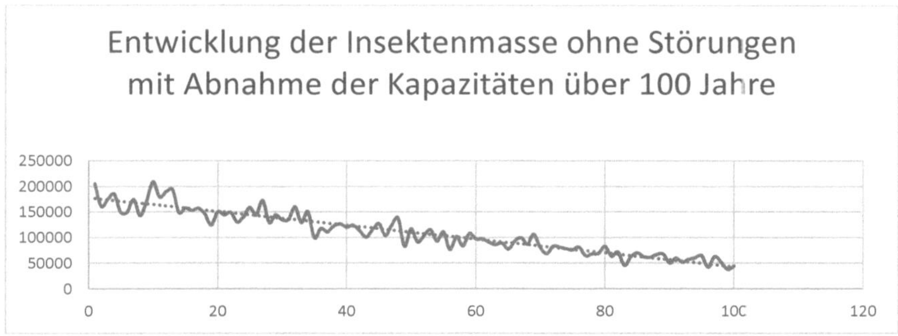

Fazit

Eine Gefährdung der Insektenpopulation durch Windräder kann nicht unbedingt ausgeschlossen werden. **Es sollte auf jeden Fall – für unterschiedliche Arten - untersucht werden, in welchen Höhen, mit welcher Verteilung und innerhalb welcher Migrationszeiten diese migrieren.**

Da letztendlich überwiegend migrierende Arten durch Windräder gefährdet wären, sollte vor allem das Verhalten dieser Arten untersucht werden. In der aktuellen Studie „Mass Seasonal Migrations of Hoverflies Provide Extensive Pollination and Crop Protection Services„ über migrierende Schwebfliegen wurde aber festgestellt, dass diese Population erstaunlich stabil ist. „Migrant hoverfly abundance fluctuated greatly between years, but there was no evidence of a population trend during the 10-year study period." (Chapman & Wotton, 2019)

Es ist anzunehmen, dass gerade die Migration in Kombination mit hohen, fluktuierenden Reproduktionsraten, einen stabilisierenden Einfluss auf die Populationen dieser Arten hat. Mögliche Störungen durch Windkraftanlagen haben daher praktisch keinerlei Wirkung. Entscheidend für den Rückgang der Fluginsekten dürfte daher der Verlust an Habitaten sein.

Wäre die Windkraft tatsächlich mit ca. 2% für das Insektensterben der letzten 30 Jahre verantwortlich, dann hätte der Verkehr einen mit fast **60%** erheblich größeren Einfluss.

Referenzen

Becker, J. (2002). *Fluginsekten/Flugsicherheitsrisiko.* Von https://www.davvl.de/sites/default/files/2018-07/2002_2_fluginsekten_flugsicherheitsrisiko.pdf abgerufen

Bundesamt für Straßenwesen. (2019). *Bundesamt für Straßenwesen.* Von https://www.bast.de/BASt_2017/DE/Verkehrstechnik/Fachthemen/v2-verkehrszaehlung/Aktuell/zaehl_aktuell_node.html abgerufen

Bundesumweltamt. (Juni 2013). *Potenzial der Windenergie an Land.* (Umweltbundesamt, Hrsg.) Von https://www.umweltbundesamt.de/sites/default/files/medien/378/publikationen/potenzial_der_windenergie.pdf abgerufen

CDC (Climate Data Center). (kein Datum). Von https://opendata.dwd.de/climate_environment/CDC/grids_germany/multi_annual/wind_parameters/resol_200x200/ abgerufen

Chapman, J., & Wotton, K. (6 2019). *Current Biology.* Von Mass Seasonal Migrations of Hoverflies Provide Extensive Pollination and Crop Protection Services: https://www.cell.com/current-biology/fulltext/S0960-9822(19)30605-0?_returnURL=https%3A%2F%2Flinkinghub.elsevier.com%2Fretrieve%2Fpii%2FS0960982219306050%3Fshowall%3Dtrue abgerufen

Friedrich, E. (2009). *D is te lfa lte r-B e o b a c h tu n g e n 2 0 0 9.* Von https://www.zobodat.at/pdf/Mitt-Ent-Ver-Stuttgart_44_2009_0071-0079.pdf abgerufen

Gatter, W. (1981). *Insektenwanderungen. Neues zum Wanderverhalten der Insekten. Über die Voraussetzungen des west-palaearktischen Migrationssystems.* Kilda-Verlag.

Gauß-Krüger-System. (kein Datum). Von Wikipedia: https://de.wikipedia.org/wiki/Gau%C3%9F-Kr%C3%BCger-Koordinatensystem abgerufen

Hallmann, C., & Sorg, M. (Oktober 2017). *PLOS ONE.* Von More than 75 percent decline over 27 years in total flying insect biomass in protected areas: https://journals.plos.org/plosone/article?id=10.1371/journal.pone.0185809 abgerufen

Heidenreich, A. (2000). *Modellierung räumlich strukturierter Insektenpopulationen.* Mainz.

http://www.govdata.de/dl-de/by-2-0, D. D.–N.–V. (Hrsg.). (2019). *Digitales Geländemodell Gitterweite 200 m.* Von Open Data - Freie Daten und Dienste des BKG:

http://www.geodatenzentrum.de/geodaten/gdz_rahmen.gdz_div?gdz_spr=deu&gdz_akt_zeile=5&gdz_anz_zeile=1&gdz_unt_zeile=3&gdz_user_id=0 abgerufen

Johnson, C. (1957). *The Distribution of Insects in the Air and the Empirical Relation of Density to Height.* Von https://www.jstor.org/stable/pdf/1760 abgerufen

Kraftfahrt-Bundesamt. (2017). *Kraftfahrt-Bundesamt.* Von https://www.kba.de/DE/Statistik/Kraftverkehr/VerkehrKilometer/verkehr_in_kilometern_node.html abgerufen

Liste von Windkraftanlagen in Deutschland. (2019). Von Wikipedia: https://de.wikipedia.org/wiki/Liste_von_Windkraftanlagen_in_Deutschland abgerufen

Pennisi, E. (Dezember 2016). *Radar spots trillions of unseen insects migrating above us.* Von https://www.sciencemag.org/news/2016/12/radar-spots-trillions-unseen-insects-migrating-above-us abgerufen

Schomäcker, S. (April 2017). *Strömungstechnische Optimierung von Windparks.* (Deutschlandfunk, Herausgeber) Von https://www.deutschlandfunk.de/windkraft-stroemungstechnische-optimierung-von-windparks.676.de.html?dram:article_id=382940 abgerufen

Trieb, F. (Oktober 2018). *Interference of Flying Insects and Wind Parks (FliWip) –Study Report, October 2018.* (DLR, Hrsg.) Von https://www.dlr.de/tt/Portaldata/41/Resources/dokumente/st/FliWip-Final-Report.pdf abgerufen

Weidel, H. (2008). *Die Verteilung des Aeroplanktons über Schleswig-Holstein, Dissertation.* Von Christian-Albrechts-Universität Kiel: https://d-nb.info/1019553197/34 abgerufen

---

[i] **Windgeschwindigkeit in Abhängigkeit der Höhe**

$$v_h = v_{10}\left(\frac{h}{h_{10}}\right)^g$$

Mit v10 = 14 m/s und g=0,2 beträgt die Windgeschwindigkeit in 800 m Höhe ca. 33,6 m/s

In 150 m Höhe der Windradnaben dann ca. 24 m/s.

[ii] **Herleitung der Formel**

$$\frac{Dichteverhältnis * gesamte\ Rotorfläche * Verlustrate}{\sqrt{Anzahl\ Windräder * Gesamtfläche} * Höhenbereich}$$

Mit P_E = Verlustwahrscheinlichkeit pro Ereignis, A_R = gesamte Rotorfläche, A_m=mittlere Rotorfläche, A_S = aufgespannte Fläche in der Windradebene einer Segmentfläche (Segmentebene), A_G = gesamte Fläche (Deutschland), H = Höhenbereich der aufgespannten Fläche in der Windradebene einer

Segmentfläche (Segmentebene), W = Anzahl der Windräder, V_R = Verlustrate beim Durchfliegen der Rotorfläche (5%), d = Gewichtungsfaktor (Dichteverhältnis) für die Rotorfläche

$$A_S = \sqrt{\frac{A_G}{W}} * H; \;\; A_m = \frac{A_R}{W}; \;\; P_E = \frac{A_R * 100 * V_R}{A_S * H * 100} \,\%;$$

Daraus folgt:

$$P_E = \frac{A_R * 100 * V_R}{W * \sqrt{\frac{A_D}{W}} * H * 100} \,\%$$

Und schließlich mit d:

$$P_E = \frac{d * A_R * V_R}{\sqrt{(W * A_G)} * H} \,\%$$

[iii] **Beweis**: Für das Durchfliegen der ersten Windradebene eines Windparks würde zunächst die Wahrscheinlichkeit für das Durchfliegen der ersten Rotorfläche gelten. Für diese 0,23% dann bei 10 Windrädern eine P = 1-(1-0,05)^10 = 40,1% Verlustwahrscheinlichkeit. Für die übrigen 100-0,23% wäre die Verlustwahrscheinlichkeit dann beim Durchfliegen der weiteren Ebenen gleich Null.

Somit würden beim Durchflug des Windparks dann 0,23%*40,1% = 0,092% der Insekten umkommen. 90% der Segmente wären aber wieder frei von Windrädern. Daher gilt beim Durchflug eines beliebigen Segmentes – mit Windparks auf jedem zehnten Segment und der Anordnung der Windräder in einer Reihe - die geringere Gesamtverlustwahrscheinlichkeit von 0,009% statt 0,012%